史前 猛兽
探索百科

〔英〕安吉拉·理查 绘　〔英〕约翰尼·马克思 文

马金芝 译

石油工业出版社

史前时间线

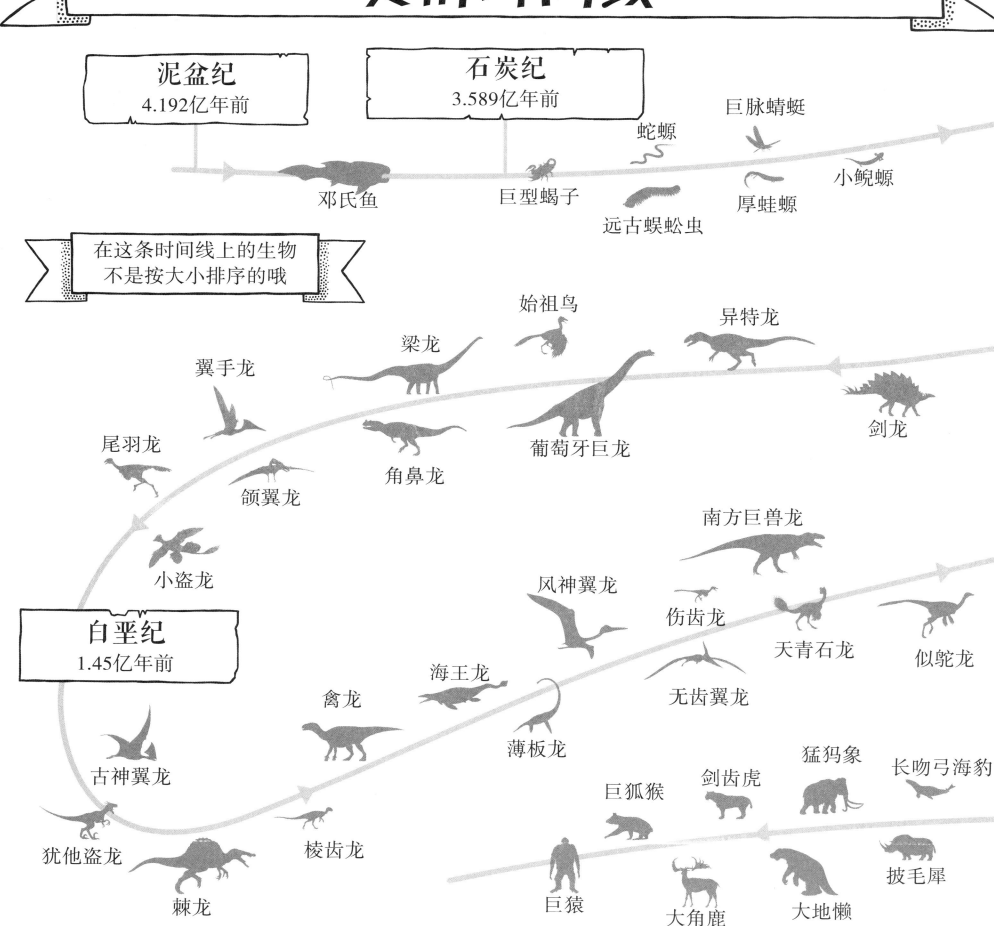

泥盆纪
4.192亿年前

石炭纪
3.589亿年前

巨脉蜻蜓

蛇蜒

邓氏鱼

巨型蝎子

远古蜈蚣虫

厚蛙螈

小鲵螈

在这条时间线上的生物
不是按大小排序的哦

始祖鸟

异特龙

梁龙

翼手龙

剑龙

尾羽龙

葡萄牙巨龙

颌翼龙

角鼻龙

南方巨兽龙

风神翼龙

伤齿龙

小盗龙

天青石龙

似鸵龙

白垩纪
1.45亿年前

海王龙

无齿翼龙

禽龙

薄板龙

猛犸象

剑齿虎

长吻弓海豹

古神翼龙

巨狐猴

犹他盗龙

棱齿龙

巨猿

大角鹿

大地懒

披毛犀

棘龙

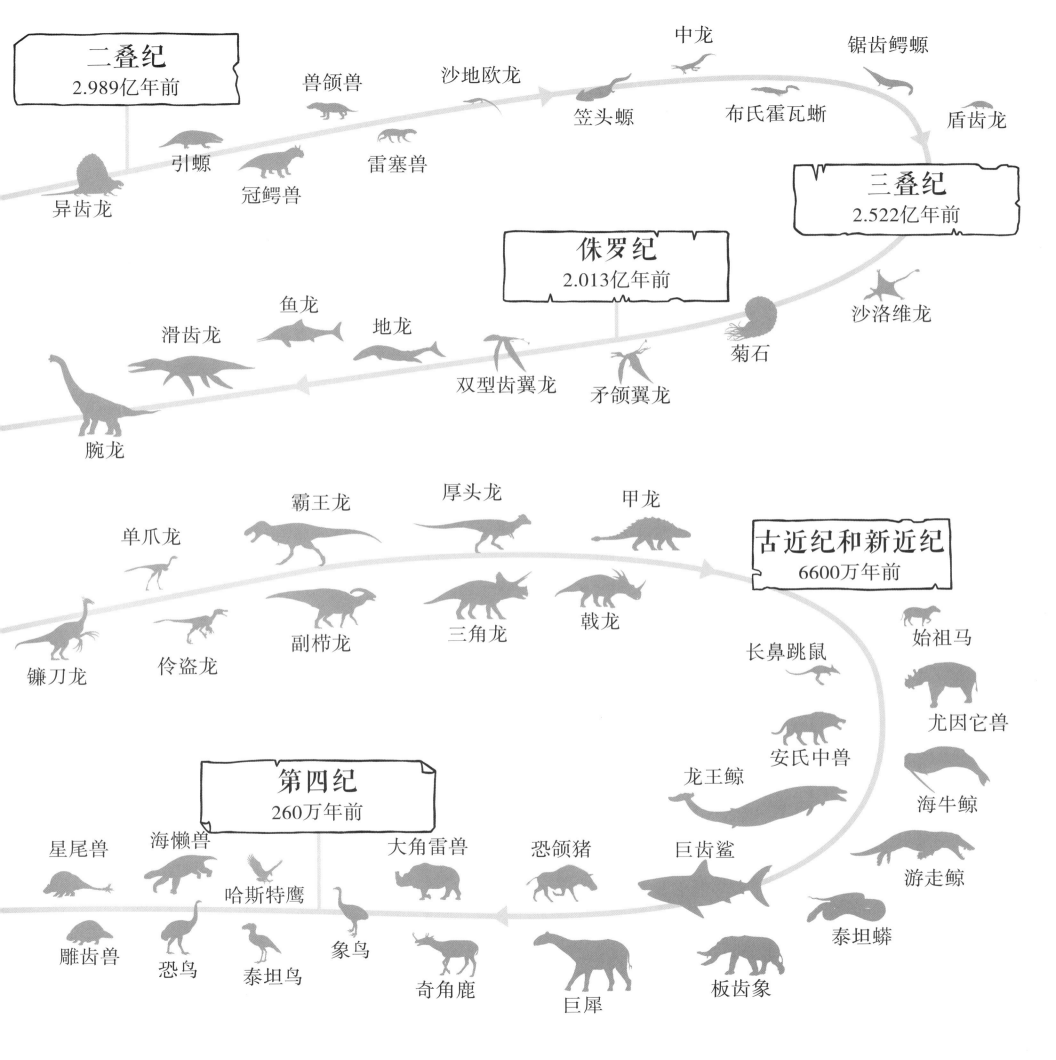

快来看看这些令人惊叹的生物吧，它们分别生活在：

**泥盆纪、石炭纪和二叠纪
三叠纪和侏罗纪
白垩纪
古近纪、新近纪和第四纪**

你可以给每张引人注目的插图涂上颜色，然后翻到书页的背面，找出那些
曾经在史前荒野上游荡的凶猛且迷人的生物吧！

凶猛的爬行动物游荡在荒野，

鲸鱼般庞大的生物隐藏在海底，

巨大的鸟类生物振翅翱翔，

跟着这本书一起踏上回顾远古生物的冒险旅程，

潜入深海、攀上高山、穿过大陆、越过丛林，

寻找那些曾经真实存在过的生物。

泥盆纪、石炭纪和二叠纪

邓氏鱼

泥盆纪、石炭纪和二叠纪

4.192亿年前—3.589亿年前—2.989亿年前—2.522亿年前

  泥盆纪时期也被称为"鱼类的时代"，产生了大量的水生物种，包括最早的硬骨鱼和鲨鱼类的、骨骼由软骨构成的软骨鱼。第一片森林在土壤中萌芽，大量的树木释放出氧气。

  这一繁荣景象持续到石炭纪，在石炭纪，茂密的森林和沼泽占据了这片土地，大气中的氧含量飙升至最高。同时在这一时期，茂盛的植被开始形成地球上大部分的煤。

  然而，二叠纪时期并不像之前那样平静和安全。在石炭纪末期，地球被冰封，到了二叠纪，全球变暖迫使气温上升。茂密的森林和肥沃的沼泽变成了干旱的荒原和沙漠。动物难以在这种环境生存，大约95%的海洋生物和70%的陆地物种在这一时期灭绝。这是地球有史以来最大规模的物种灭绝。

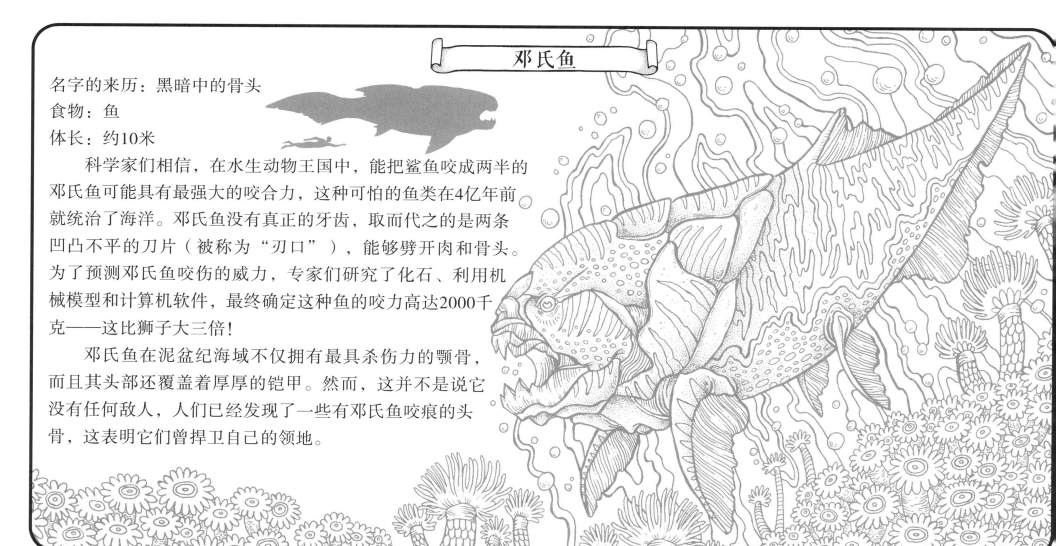

邓氏鱼

名字的来历：黑暗中的骨头

食物：鱼

体长：约10米

  科学家们相信，在水生动物王国中，能把鲨鱼咬成两半的邓氏鱼可能具有最强大的咬合力，这种可怕的鱼类在4亿年前就统治了海洋。邓氏鱼没有真正的牙齿，取而代之的是两条凹凸不平的刀片（被称为"刃口"），能够劈开肉和骨头。为了预测邓氏鱼咬伤的威力，专家们研究了化石、利用机械模型和计算机软件，最终确定这种鱼的咬力高达2000千克——这比狮子大三倍！

  邓氏鱼在泥盆纪海域不仅拥有最具杀伤力的颚骨，而且其头部还覆盖着厚厚的铠甲。然而，这并不是说它没有任何敌人，人们已经发现了一些有邓氏鱼咬痕的头骨，这表明它们曾捍卫自己的领地。

巨型蝎子

巨脉蜻蜓

远古蜈蚣虫

蛇螈

厚蛙螈

巨型蝎子

名字的来历：巨大的蝎子

食物：昆虫和小型爬行动物

体长：约90厘米

巨型蝎子的体型和家猫差不多大，一些专家认为，巨型蝎子很可能生活在水里或离水很近的地方（就像螃蟹一样）。

尽管大小不同，现存的所有蝎子都是有毒的，巨型蝎子也不例外。

巨脉蜻蜓

名字的来历：有巨大翅膀的蜻蜓

食物：昆虫和小的两栖动物

体长：翼展长约70厘米

巨脉蜻蜓是迄今为止发现的最大的有翅膀的昆虫。除了尺寸（翼展达70厘米），它与现代的蜻蜓模样非常相似。

远古蜈蚣虫

名字的来历：节肢动物

食物：植物

体长：约2.3米

石炭纪时期，大气中大量的氧气使动物得以快速成长。远古蜈蚣虫的存在证明了这一点。经测量，它宽达50厘米。

这种动物有坚硬的外骨骼（装甲外壳），是迄今为止发现的最大的节肢动物（一种身体和足分节的无脊椎动物）。

蛇螈

名字的来历：像蛇的两栖动物

食物：小昆虫和无脊椎动物

体长：约80厘米

蛇螈身体里有200多块椎骨。它生活在湿地和沼泽中，在那里掘洞和捕食。

厚蛙螈

名字的来历：大青蛙

食物：鱼

体长：约2米

厚蛙螈有一对细长的尖牙和一张长满锋利牙齿的嘴，是凶猛的掠食者。短小的四肢暗示它可能生活在水边。

异齿龙

异齿龙

名字的来历：有两种尺寸的牙齿

食物：两栖动物和爬行动物

体长：约3.5米

　　大约在第一批恐龙出现之前的5千万年前，被称为"异齿龙"的史前爬行动物统治着荒野。据我们所知，异齿龙是冷血动物，会根据周围环境改变身体的温度。它巨大的标志性的帆可能用来调节温度，它可以在阳光下收集热量，或者把帆倾斜在风中或树荫下冷却。帆也可能使异齿龙看起来比实际更大、更强壮，从而威慑其他动物。

　　早期绘画把这种爬行动物描绘成尾巴短而粗的野兽（或者根本没有尾巴），这是因为在第一次发现异齿龙化石后，又过了50年，人们才发现了完整的有尾巴的异齿龙化石。

冠鳄兽

名字的来历：有冠状物的鳄鱼
食物：植物（也可能是腐肉）
体长：约3米

　　冠鳄兽的大小和犀牛差不多，头部和光滑无毛的皮肤上都有突起和角。尽管它外表凶猛，犬齿很大，但这种爬行动物是草食性动物。它后面的牙齿比前面的要平坦得多，适合碾碎植物。

　　专家认为，冠鳄兽可能是一种笨拙的动物。化石证据表明，这种动物只有在脚上有少量的骨头（因此限制了它的运动），它的前腿伸展到两边，步态可能与蝾螈或鸭嘴兽相似。

雷塞兽

名字的来历：面孔像狼
食物：小型爬行动物和哺乳动物
体长：约1米

　　雷塞兽的犬牙用于刺穿、撕咬和咀嚼猎物。它的狩猎习惯可能与科莫多龙（现今存在的最大的蜥蜴）相似——使用锯齿状的牙齿从猎物身上撕下大块大块的肉，然后狼吞虎咽地吃掉。

小鲵螈

名字的来历：小的肢体
食物：昆虫和其他小型无脊椎动物
体长：约15厘米

　　与大部分幼体时鳃长在体内的两栖动物不同，这种生物的鳃长在脖子外面。

　　小鲵螈看起来可能很像一种叫蝾螈的墨西哥生物。蝾螈现在仍存在于世上，但非常罕见。

兽颌兽

名字的来历：哺乳动物的下颌
食物：小型爬行动物
体长：约1.2米

　　兽颌兽有许多哺乳动物的特征（最明显的是它毛茸茸的皮毛）。然而，在它的皮毛之下，兽颌兽看起来和雷塞兽类似。

沙地欧龙

霍瓦蜥

中龙

笠头螈

沙地欧龙

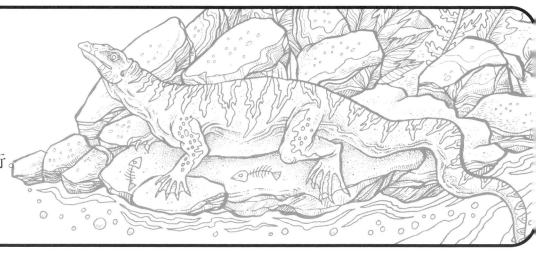

名字的来历：沙地的蜥蜴

食物：小鱼、无脊椎动物和淡水生物

体长：约60厘米

　　沙地欧龙的尾巴非常长，在水中起伏波动，推动身体前行。发达的胸部肌肉和腿部肌肉表明它不仅是敏捷的短跑运动员，也是一名攀岩者。

霍瓦蜥

名字的来历：霍瓦蜥蜴

食物：小鱼、无脊椎动物和淡水生物

体长：约50厘米

　　人们在霍瓦蜥化石的肚子里发现了小的卵石，这表明它会使用砾石作为压载物，以保持在潜水时的稳定性。霍瓦蜥生活在淡水湖、河流或池塘里。霍瓦蜥在外观上与沙地欧龙非常相似，不过它更适合生活在水里，因为它有坚硬的、肌肉发达的尾巴和有蹼的脚。

中龙

名字的来历：中等体型的蜥蜴

食物：小的无脊椎动物

体长：约45厘米

　　中龙有很多用来过滤食物的细小的牙齿，以及提高涉水效率的蹼足。

　　在南美和南非都发现了这种生物的化石残骸，因此科学家们确信这两块大陆曾经属于同一块陆地——中龙没有生活在咸水里，所以它不能游过海洋。

笠头螈

名字的来历：头部两侧的突起

食物：鱼类

体长：约1米

　　笠头螈最突出的特征就是它的香蕉形或者说是回形镖形状的头部，科学家认为这可能增强了生物在水中的生活能力，或者阻止它被强大的水流冲走。它的大脑袋也可以阻止其他动物攻击或吃掉它。

引螈

盾齿龙

锯齿鳄螈

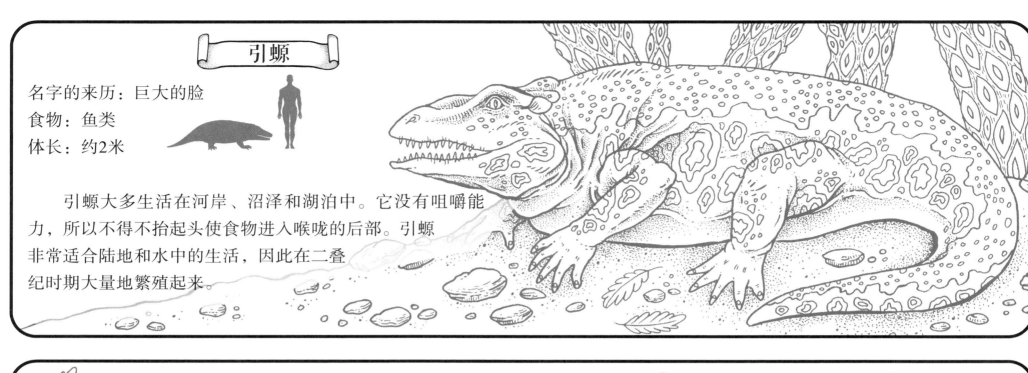

引螈

名字的来历：巨大的脸
食物：鱼类
体长：约2米

引螈大多生活在河岸、沼泽和湖泊中。它没有咀嚼能力，所以不得不抬起头使食物进入喉咙的后部。引螈非常适合陆地和水中的生活，因此在二叠纪时期大量地繁殖起来。

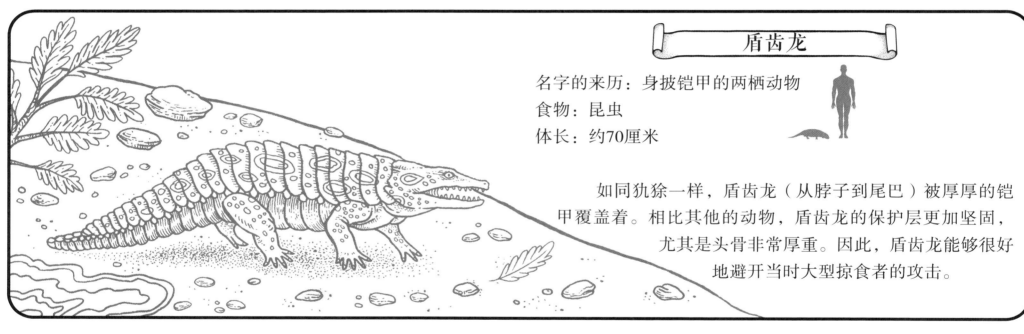

盾齿龙

名字的来历：身披铠甲的两栖动物
食物：昆虫
体长：约70厘米

如同犰狳一样，盾齿龙（从脖子到尾巴）被厚厚的铠甲覆盖着。相比其他的动物，盾齿龙的保护层更加坚固，尤其是头骨非常厚重。因此，盾齿龙能够很好地避开当时大型掠食者的攻击。

锯齿鳄螈

名字的来历：来自巴格城的爬行动物
食物：鱼类和小型的河内生物
体长：约2米

锯齿鳄螈是在巴西的南里奥格兰德州发现的，外观可能与鳄鱼相似，有着长长的下巴和锥形牙齿。它类似于现代的恒河鳄，其下颚骨非常强壮，能快速地以强大的力量撕咬食物。

三叠纪和侏罗纪

腕龙

葡萄牙巨龙

三叠纪和侏罗纪

2.522亿年前—2.013亿年前—1.45亿年前

在三叠纪初期，地球上所有的土地是一个整体，并形成一个巨大的超级大陆，被称为盘古大陆。这片辽阔的土地大部分是干旱贫瘠的。沙漠和荒地是主要景观，地球无法维持各种生态系统。然而，在三叠纪时期，陆地分裂成了两个不同的大陆，形成了海岸线，这使得越来越多的动物和植物接触到水，从而产生了新物种，空气也变得潮湿。但是，直到三叠纪中后期，恐龙才开始大量繁殖起来。

侏罗纪是恐龙时代的曙光。雨林开始萌芽，内陆地区持续发展。肉食性恐龙通过捕食大量草食性动物、翼龙而变得更大、更强壮，海洋里则出现大量鱼类和海洋怪物。大量奇妙动物的存在引发了一些科学家所说的恐龙的"黄金时代"。

腕龙

名字的来历：头部像手腕
食物：树叶
体长：约22米

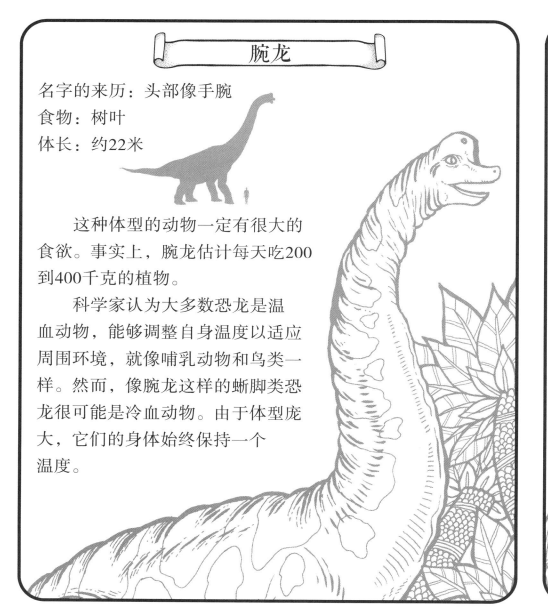

这种体型的动物一定有很大的食欲。事实上，腕龙估计每天吃200到400千克的植物。

科学家认为大多数恐龙是温血动物，能够调整自身温度以适应周围环境，就像哺乳动物和鸟类一样。然而，像腕龙这样的蜥脚类恐龙很可能是冷血动物。由于体型庞大，它们的身体始终保持一个温度。

葡萄牙巨龙

名字的来历：来自葡萄牙的巨人
食物：树叶
体长：约25米

1947年，在葡萄牙发现了第一块葡萄牙巨龙化石。这种恐龙像腕龙一样，长着极长的前腿和非常长的脖子，可以够到其他动物达不到的高度，所以能吃到高大的树枝上的树叶，饱餐一顿。

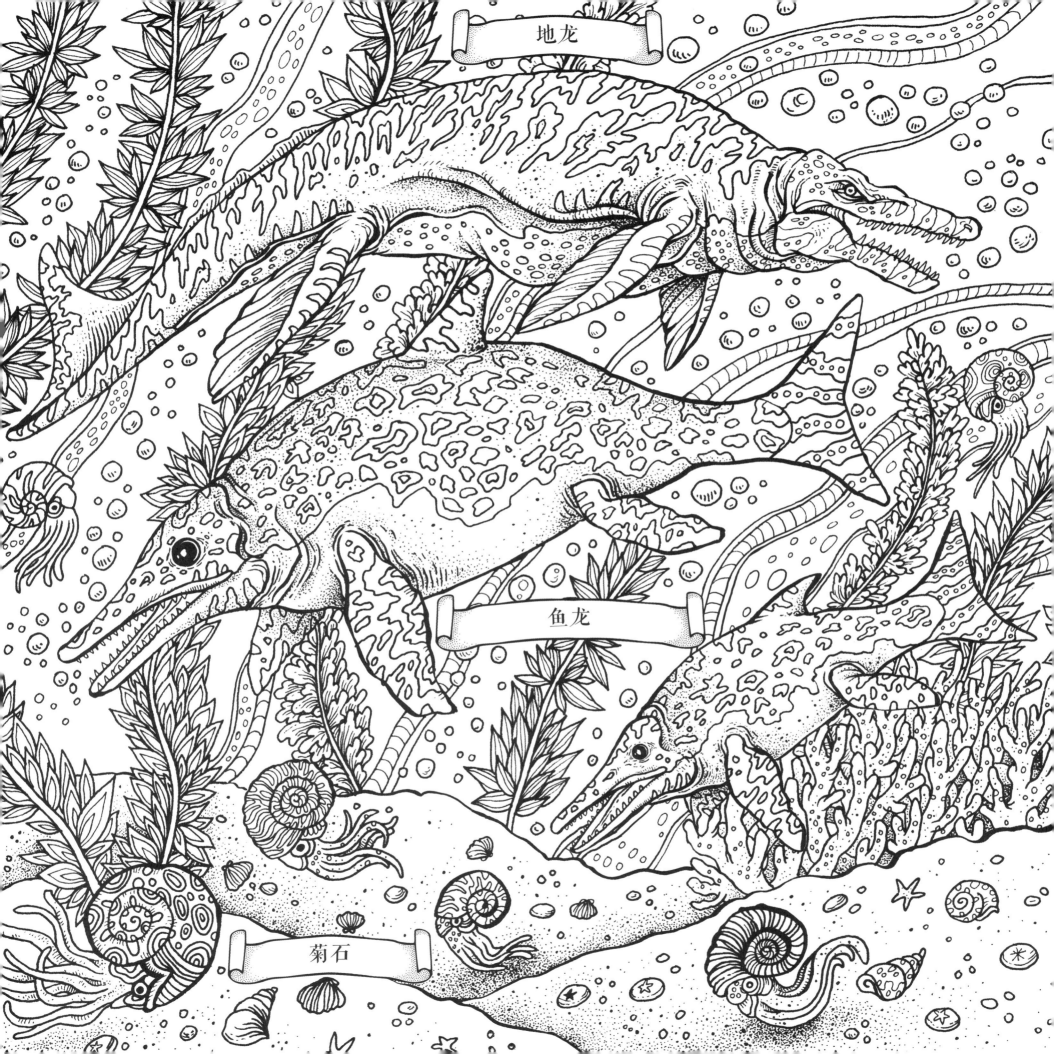

地龙

鱼龙

菊石

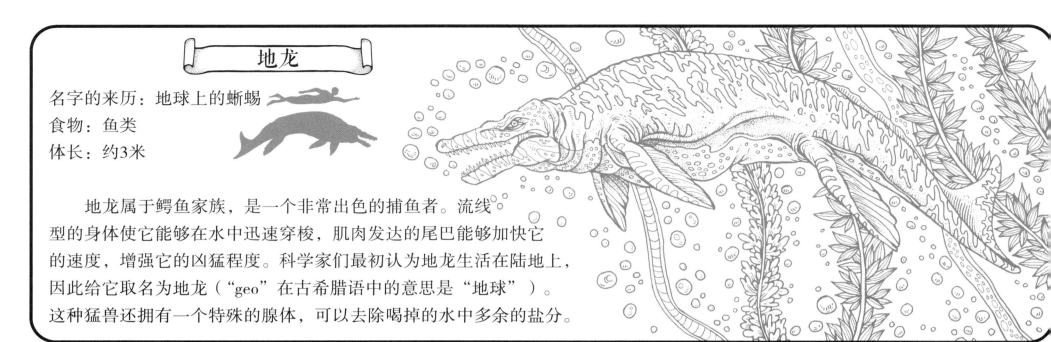

地龙

名字的来历：地球上的蜥蜴

食物：鱼类

体长：约3米

　　地龙属于鳄鱼家族，是一个非常出色的捕鱼者。流线型的身体使它能够在水中迅速穿梭，肌肉发达的尾巴能够加快它的速度，增强它的凶猛程度。科学家们最初认为地龙生活在陆地上，因此给它取名为地龙（"geo"在古希腊语中的意思是"地球"）。这种猛兽还拥有一个特殊的腺体，可以去除喝掉的水中多余的盐分。

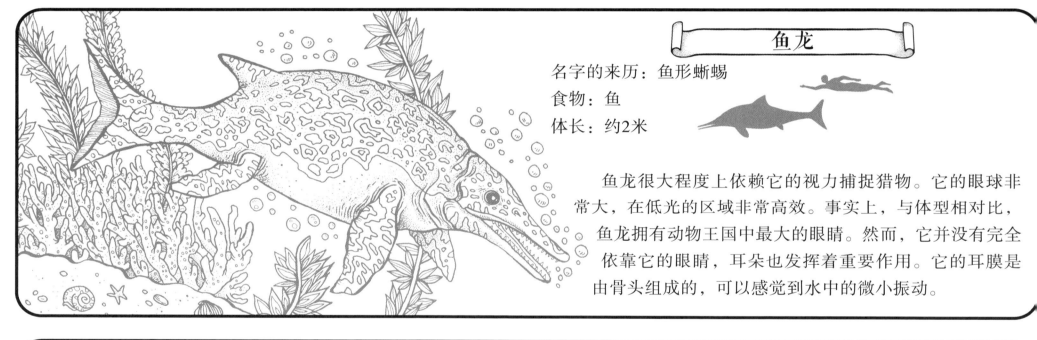

鱼龙

名字的来历：鱼形蜥蜴

食物：鱼

体长：约2米

　　鱼龙很大程度上依赖它的视力捕捉猎物。它的眼球非常大，在低光的区域非常高效。事实上，与体型相对比，鱼龙拥有动物王国中最大的眼睛。然而，它并没有完全依靠它的眼睛，耳朵也发挥着重要作用。它的耳膜是由骨头组成的，可以感觉到水中的微小振动。

菊石

名字的来历：阿蒙神的角

食物：浮游生物和小型甲壳类动物，
　　　　可能还有更大一些的猎物

体长：直径从几厘米到2.5米不等

　　菊石内壳由几个独立的室组成，并且随着生长过程不断增加，科学家们可以据此推断菊石的年龄。不同种类的菊石形状不同，食物可能也不同。球状的菊石可能以浮游生物为食，狭长的可能是动作快速的捕猎者，而沉重多节的则会在海底觅食。

滑齿龙

滑齿龙

名字的来历：侧边光滑的牙齿
食物：海洋生物
体长：约7米

　　作为史前海洋中最凶猛的动物之一，滑齿龙在侏罗纪晚期统治着海洋。科学家们相信，它有敏锐的嗅觉，能够在黑暗的海洋深处嗅出猎物。科学家们对于滑齿龙的大小是不确定的，虽然人们发现了保存完整的滑齿龙的头骨（长度超过1米）和很长的牙齿（几乎是霸王龙牙齿的两倍），但几乎没有发现身体的骨头。似乎所有的古生物学家都认为滑齿龙是一种体型庞大的生物，尽管它更可能只是有一个与身体相比很大的头。像鲸鱼一样，滑齿龙不能在水下呼吸，因为它们没有鳃。尽管如此，根据推测，它们可以屏住呼吸长达一小时潜入深海捕捉猎物。

异特龙

剑龙

异特龙

名字的来历：不同种类的蜥蜴
食物：草食性恐龙（如小剑龙类）
体长：约12米

1991年，化石猎人在古河床上发掘了一具几乎完好无损的年轻的异特龙骨架，这是一个令人难以置信的发现。这个被

称为"大艾尔"的标本（在美国怀俄明州发现的）的完整度接近95％，是迄今为止发现的最原始的异特龙骨架之一。经过仔细的研究，古生物学家注意到，它还活着的时候经历了大约20次的创伤，包括一些骨折！人们认为，大艾尔的死因可能是受感染的脚趾，它缓慢地跛行到干涸的河流寻找水，最终却因饥渴难耐而身亡。古生物学家可以通过研究恐龙残骸发现很多东西。例如，一些异特龙的骨骼有刺穿的伤口，很可能是由剑龙尾巴尖刺造成的，同时一些剑龙的咬痕与异特龙牙齿的排列相匹配。因此，古生物学家相当确定，兽脚亚目恐龙（即异特龙所属的恐龙群体）曾与剑龙战斗过，甚至吃掉了它们。

剑龙

名字的来历：有屋顶的蜥蜴
食物：低处的植物
体长：约9米

剑龙是最具标志性的恐龙之一，它的脊骨上有两排板状物，但它们是用来调节温度、防卫或者只是外观展示呢？到目前还是个谜。有一些专家认为，这些板状物在吸引配偶方面发挥了重要作用。

它们的大小足以威慑大多数猎人（剑龙长度和一辆卡车差不多，重近3000千克），带尖刺的尾巴是它最有效的武器。这些刺可以长到90厘米。剑龙可以摇摆巨大的尾巴，用尖刺攻击刺穿敌人。图中展示的是一只幼年剑龙，所以不像成年剑龙那样凶猛。

剑龙的大脑比其他任何恐龙都要小，差不多与酸橙一样大。

双型齿翼龙

矛颌翼龙

颌翼龙

翼手龙

双型齿翼龙

名字的来历：两种类型的牙齿
食物：昆虫和鱼
体长：翼展约1.4米

为了提高在空中飞行的能力，双型齿翼龙有轻而脆弱的骨骼和中空的颅骨，以保持重量达到绝对最小值。双型齿翼龙也有强壮的腿和爪子。

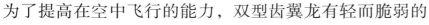

矛颌翼龙

名字的来历：长矛下巴
食物：鱼类
体长：翼展约1米

矛颌翼龙是一个有天赋的捕鱼者，下颚前方突出的牙齿是它完美的捕食武器。当它闭上嘴时，牙齿相互啮合，形成一个几乎不可逃离的牢笼。

颌翼龙

名字的来历：下巴蜥蜴
食物：无脊椎动物和鱼类
体长：翼展约1.7米

最早发现时，古生物学家以为颌翼龙是某种鳄鱼。它有130颗锋利的针状牙齿，与鳄鱼和短吻鳄相似。

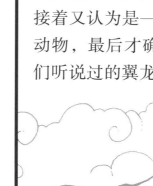

翼手龙

名字的来历：翅膀上有手指
食物：鱼类
体长：翼展约2.5米

翼手龙很好地说明了识别一种存在于1.5亿年前的动物是多么困难。专家最初认为翼手龙是蝙蝠类的哺乳动物，接着又认为是一种海洋动物，最后才确定是我们听说过的翼龙。

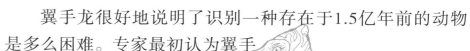

沙洛维龙

始祖鸟

小盗龙

尾羽龙

始祖鸟

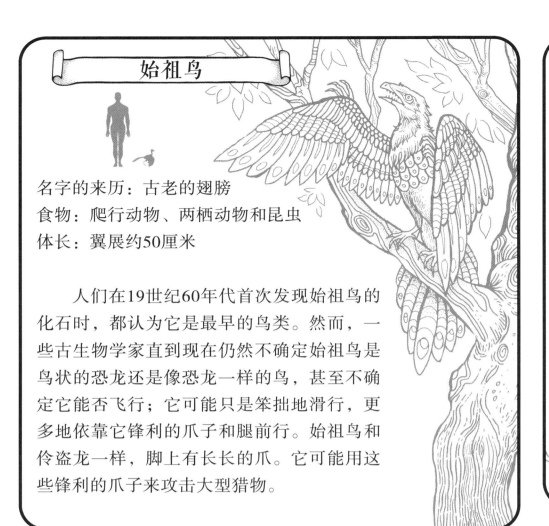

名字的来历：古老的翅膀
食物：爬行动物、两栖动物和昆虫
体长：翼展约50厘米

人们在19世纪60年代首次发现始祖鸟的化石时，都认为它是最早的鸟类。然而，一些古生物学家直到现在仍然不确定始祖鸟是鸟状的恐龙还是像恐龙一样的鸟，甚至不确定它能否飞行；它可能只是笨拙地滑行，更多地依靠它锋利的爪子和腿前行。始祖鸟和伶盗龙一样，脚上有长长的爪。它可能用这些锋利的爪子来攻击大型猎物。

沙洛维龙

名字的来历：沙洛维的翅膀
食物：昆虫
体长：约30厘米

沙洛维龙可以滑翔，但不能飞行。它不同寻常的地方在于它的后腿（而不是前腿）间长着能够拉紧的翼膜，可以帮它在空中滑翔。如今，与此类似的还有鼯鼠，它能从一棵树上滑翔到另一棵树上，运动员身穿羽翼服进行滑行就是这一仿生学的运用。

小盗龙

名字的来历：小偷或小猎人
食物：小昆虫、哺乳动物和鱼类
体长：翼展约50厘米

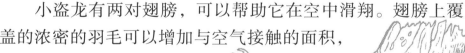

小盗龙有两对翅膀，可以帮助它在空中滑翔。翅膀上覆盖的浓密的羽毛可以增加与空气接触的面积，使小盗龙在滑翔时更加平稳。

尾羽龙

名字的来历：长有羽毛的尾巴
食物：小昆虫、哺乳动物和鱼类
体长：翼展约80厘米

尾羽龙大概只有一只小孔雀那么大，它不能飞，也不能滑翔。它前肢和尾巴上的长羽毛很可能是用来展示的。

梁龙

角鼻龙

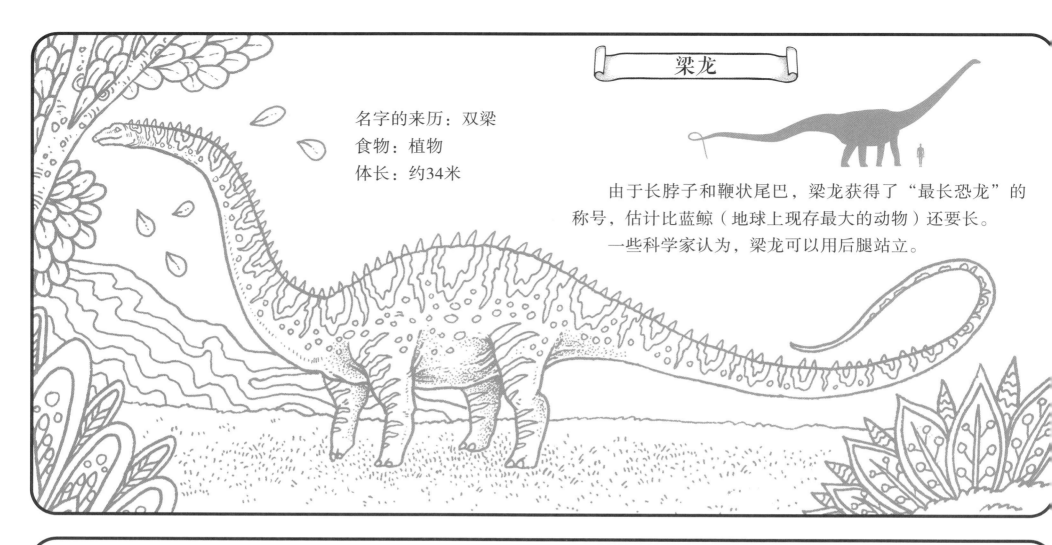

梁龙

名字的来历：双梁
食物：植物
体长：约34米

由于长脖子和鞭状尾巴，梁龙获得了"最长恐龙"的称号，估计比蓝鲸（地球上现存最大的动物）还要长。一些科学家认为，梁龙可以用后腿站立。

角鼻龙

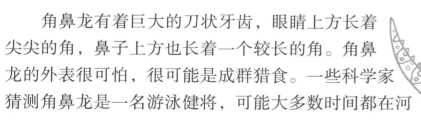

名字的来历：有角的蜥蜴
食物：草食性恐龙
体长：约6米

角鼻龙有着巨大的刀状牙齿，眼睛上方长着尖尖的角，鼻子上方也长着一个较长的角。角鼻龙的外表很可怕，很可能是成群猎食。一些科学家猜测角鼻龙是一名游泳健将，可能大多数时间都在河流中，用尾巴推动自己向前。

这种恐龙最早是由美国古生物学家奥塞内尔·查利斯·马什发现的。他是古生物领域的先驱，也是当时最著名的古生物学家之一，发现了1000多块化石。马什和爱德华·德林克·科普有着激烈的竞争，两人都想发现更多的物种和更大的化石。这场激烈的竞争被称为"化石战争"。

白垩纪

棘龙

白垩纪

1.45亿年—6600万年前

对于许多古生物学家和科学家来说，白垩纪时期产生了多种多样令人兴奋的生物。在之前或此后，地球再也没有同时存在那样数量庞大的物种。巨大的食肉动物在陆地游荡，可怕的翼龙在天空中翱翔，庞大的怪物躲藏在黑暗的海洋深处。在恐龙占领地球的鼎盛时期，第一批现代昆虫、哺乳动物和鸟类，以及第一批开花的植物，都开始繁衍生息，为恐龙灭绝后新物种的繁荣铺平了道路。

白垩纪时期非常温暖。随着气温飙升，北极冰盖融化，海平面随之上升。在全球范围内，火山喷发并向大气中释放有毒气体。这些气体再次导致温度上升，从而产生了温室效应。

这个时代随着恐龙的灭绝而结束。人们普遍认为，在墨西哥尤卡坦半岛附近，一颗巨大的陨石（宽18千米~20千米）撞击了地球。在撞击后，这颗陨石形成了一个30多千米深、100千米宽的陨石坑，将大量尘土抛向空中。灰尘遮住太阳，使植物和动物在永恒的黑暗中死去。虽然陨石可能不是造成这种大规模灭绝的唯一原因，但它成为引发了恐龙时代终结的催化剂。

棘龙

名字的来历：有棘的蜥蜴
食物：鱼类以及其他海洋生物
体长：约17米

1912年，人们首次在埃及发现了棘龙化石，但在第二次世界大战期间被盟军的轰炸摧毁。自那以后，就很少有棘龙化石（除了微小的骨骼碎片）被发现。而在一个多世纪前，人们对这种恐龙的种类知之甚少。2014年，古生物学家在撒哈拉沙漠发现了一个巨大的标本，随后的科学发现也令人震惊。

棘龙是迄今为止发现的最大的陆地肉食性动物。它主要食用鱼类和其他海洋生物，所以说棘龙可能住在河流和其他水体附近。它的头部和鳄鱼相似，长锥形牙齿非常适合捕捉水生动物。通过对它的宽脚形状和骨密度的

细致观察，古生物学家们认为棘龙是一名游泳健将。同时，专家们认为它是两栖动物，就像鳄鱼和短吻鳄一样。棘龙背上的帆仍然是一个谜，它像一堵两米高的巨大的墙，可能有助于调节恐龙的体温，也可能用来吸引配偶或阻止其他恐龙的侵略。

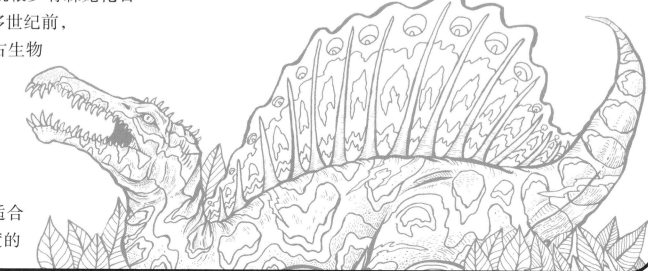

风神翼龙

无齿翼龙

古神翼龙

风神翼龙

名字的来历：来自风神科沙寇克阿特
食物：鱼或腐肉
体长：翼展约11米

风神翼龙是现在已知最大的飞行动物，大约和一架小飞机一般大小，四肢站立时高度几乎和长颈鹿一样。它以古时候的一位有羽毛的神命名，阿兹特克人（来自墨西哥的一支印第安人）相信这位长有羽毛的神创造了世界。

这种翼龙没有牙齿。它可能啄食或吞食食物，长而锋利的喙可以帮它深入尸体的深处或切割、撕裂肉。一些专家认为风神翼龙可能是一种食腐动物。

一些古生物学家断定由于其庞大的体型，风神翼龙很可能大部分时间都是在陆地上度过的。要想在空中飞行，它需要的推动力令人难以置信。因此，它很有可能先飞到悬崖顶部或高于海平面的地区，再利用气流将自己推向空中。

无齿翼龙

名字的来历：有翅膀但没有牙齿
食物：鱼
体长：翼展约9米

和大多数翼龙一样，无齿翼龙中空的骨头可以减轻自身的重量，使其更便于飞行。它的颅骨（包括冠和喙）巨大，甚至比身体还要大。

古神翼龙

名字的来历：古老的生物
食物：水果，也可能是鱼
体长：翼展约5米

古神翼龙长着一张短而无齿的喙，所以说它很可能以水果为食，用上颚把水果粉碎成果肉。头冠可能像帆一样，形成一种空气动力结构，引导或推动它向前飞行。

禽龙

犹他盗龙

棱齿龙

禽龙

名字的来历：鬣蜥的牙齿
食物：植物、种子和树叶
体长：约10米

不同于大多数恐龙，禽龙能够四肢着地行走，也可以用后脚行走。这样，禽龙不仅可以食用生长在低洼处的植物，也可以吃到树顶上的植物。禽龙还有"秘密武器"使得进食更加方便，那就是灵巧的、尖尖的拇指，它可能用来剥出种子，剥去树叶的枝条，还可以防御捕食者。

科学家们非常肯定禽龙过着群居生活，1878年，人们在比利时的一个煤矿里发现了30多具禽龙的骨架。

犹他盗龙

名字的来历：来自犹他的小偷或猎人
食物：草食性恐龙
体长：约6米

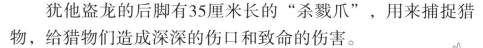

犹他盗龙的后脚有35厘米长的"杀戮爪"，用来捕捉猎物，给猎物们造成深深的伤口和致命的伤害。

犹他盗龙的腿骨非常粗，这表明它很强大，但是可能跑得并没有那么快。因此，这种捕食者可能会伏击猎物，然后跟踪目标，直到猎物因疲劳或失血而崩溃。

棱齿龙

名字的来历：尖头林蜥的牙齿
食物：植物
体长：约2.3米

棱齿龙的头骨上有特殊的突出，可以保护其眼睛免受强烈的阳光直射。迄今为止，人们只在英国南部海岸的一个小岛上发现过棱齿龙的化石。

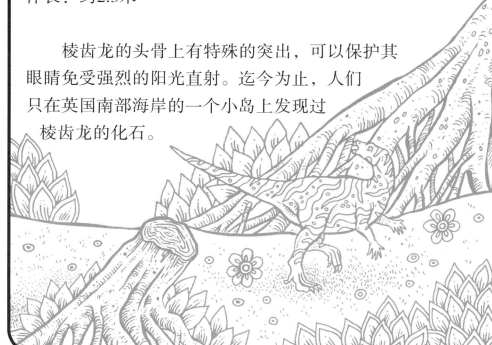

薄板龙

海王龙

薄板龙

名字的来历：金属板的蜥蜴

食物：鱼类

体长：约12米

薄板龙的颈部有很多的椎骨（总共72节），比已知任何动物的椎骨都要多。即使是长颈鹿，其颈部也只有7节椎骨（和人类一样）。

由于薄板龙的脖子很长，所以不需要移动它庞大的身躯就能以极快的速度抓住小鱼、鱿鱼和其他海洋生物。通过观察其胃化石，专家们确认，薄板龙甚至能抓住当时海里最快的鱼。

一些科学家认为，薄板龙为了捕食和繁殖，可能会迁徙数千千米。

海王龙

名字的来历：肿胀的蜥蜴

食物：大鱼、鲨鱼和其他小沧龙

体长：约12米

海王龙用它细长的鼻子来打昏或迷惑猎物，它是一个非常强大的游泳健将，凭借着其巨大的、肌肉发达的尾巴，可以以每小时40英里（64千米）的速度在水中游行。

在白垩纪晚期，海王龙是海洋中最可怕的捕食者——其他生物都不像它一样，拥有庞大的体型和强大的力量。海王龙主要吃鱼，但海鸟、鲨鱼、蛇颈龙和其他的小沧龙（来自同一家族的恐龙）也在它的菜单之上。海王龙的上颚有两排额外的牙齿，使被抓的猎物无法逃脱。

似鸵龙

天青石龙

单爪龙

伶盗龙

天青石龙

名字的来历：来自戈壁沙漠的名字
食物：可能是杂食性
体长：约1.8米

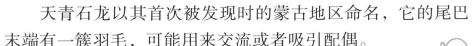

　　天青石龙以其首次被发现时的蒙古地区命名，它的尾巴末端有一簇羽毛，可能用来交流或者吸引配偶。

似鸵龙

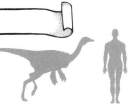

名字的来历：神似鸵鸟
食物：植物
体长：约4米

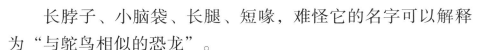

　　长脖子、小脑袋、长腿、短喙，难怪它的名字可以解释为"与鸵鸟相似的恐龙"。
　　似鸵龙作为"双足动物"，能以高达每小时50千米的速度奔跑。现在的鸵鸟则能以每小时70千米的速度奔跑。

单爪龙

名字的来历：单一的爪
食物：昆虫
体长：约1米

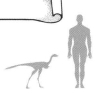

　　单爪龙的手臂非常强壮，但是出奇的小，这个问题几十年来一直困扰着科学家们。现在有许多恐龙专家认为，单爪龙用它的爪子来挖小昆虫（例如蚂蚁和白蚁）的洞穴。
　　这种生物长着细长的腿，非常适合高速奔跑。人们认为，单爪龙能够敏捷地追逐逃窜的昆虫，或者从容地躲避捕食者。

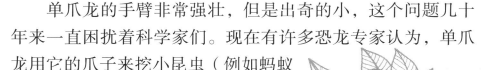

伶盗龙

名字的来历：奔跑迅速的小偷或猎人
食物：小型恐龙和哺乳动物
体长：约2米

　　在史蒂文·斯皮尔伯格的著名电影《侏罗纪公园》中，伶盗龙是一种体型娇小、敏捷的食肉动物，在每只脚上都有着尖尖的镰刀状的爪。然而，与电影中不同的是，现在人们普遍认为伶盗龙不是蜥蜴皮肤，实际上它的身体被一层羽毛覆盖着。

南方巨兽龙

霸王龙

南方巨兽龙

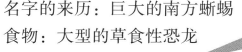

名字的来历：巨大的南方蜥蜴

食物：大型的草食性恐龙

体长：约15米

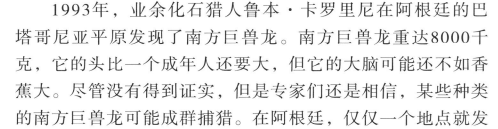

1993年，业余化石猎人鲁本·卡罗里尼在阿根廷的巴塔哥尼亚平原发现了南方巨兽龙。南方巨兽龙重达8000千克，它的头比一个成年人还要大，但它的大脑可能还不如香蕉大。尽管没有得到证实，但是专家们还是相信，某些种类的南方巨兽龙可能成群捕猎。在阿根廷，仅仅一个地点就发现了至少7只马普龙（南方巨兽龙的近亲）标本，这促使古生物学家们推断它们是群居动物。从理论上讲，这可能意味着，南方巨兽龙甚至能捕食当时最大的动物。

霸王龙

名字的来历：残暴的蜥蜴

食物：腐肉和中型恐龙

体长：约12米

留下霸王龙以相对和平的方式吃它们的免费食物。当然，这并不是说霸王龙从不积极捕猎。2013年，人们在一只鸭嘴龙化石的身上发现了一颗嵌进去的霸王龙的牙齿。一些古生物学家认为，这提供了压倒性的证据，表明霸王龙不仅仅是食腐动物，也经常近距离地攻击猎物。

　　在发现南方巨兽龙、鲨齿龙和棘龙之前，霸王龙（可能是所有恐龙中最出名的）被认为是有史以来体型最大、最凶猛的陆生食肉动物。它的体型、大小和力量确保了它在白垩纪晚期食物链顶端的地位。

　　尽管霸王龙是凶猛的捕食者和高效的杀手，但人们普遍认为它们是"投机取巧"的猎手，不太可能长距离地快速奔跑追赶猎物，更有可能是去寻找现成的猎物。举个例子，小型食肉动物聚集在尸体周围，如果霸王龙靠近，它们很有可能会散去，

镰刀龙

名字的来历：镰刀蜥蜴

食物：未知，很可能是植物

体长：约9米

　　相比于其他动物，镰刀龙拥有最长的爪子和最长的手指骨，爪子大约有70厘米长。它的爪子很可能用于自卫，也可能用于抓取植物和树叶。它甚至可以用爪子从树上剥下树皮，或者挖空巢穴来寻找食物。

　　当镰刀龙的化石首次被发现时，专家们认为它是一种巨大的乌龟。他们相信它的爪子可能已经形成了大的鳍状肢，可以用来游泳或挖掘。尽管目前还没有发现镰刀龙的头骨，但基于它的祖先，专家推测它可能是素食动物。

厚头龙

戟龙

三角龙

厚头龙

名字的来历：有厚头的蜥蜴

食物：低处的植物

体长：约8米

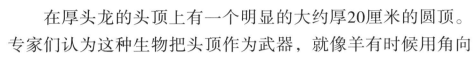

在厚头龙的头顶上有一个明显的大约厚20厘米的圆顶。专家们认为这种生物把头顶作为武器，就像羊有时候用角向敌人或同类进攻一样。根据颅骨上的血管，一些古生物学家相信，圆顶形成了某种角的基础。

戟龙

名字的来历：有尖刺的蜥蜴

食物：低处的植物

体长：约5.5米

在戟龙的褶边上有许多角，在它的鼻子上有一个巨大的、约半米长的尖刺。

通过研究化石，专家们证明戟龙是成群行动的。在加拿大艾伯塔省的一条古老河床上发现了数千块戟龙的骨头（包括其他动物残骸），被称为"骨床"。

三角龙

名字的来历：面部长着三只角

食物：低处的植物

体长：约9米

三角龙的体型与非洲象差不多，重量可能超过一辆卡车，并且拥有动物王国中最大的头骨。它是任何掠食者都不敢攻击的可怕野兽，但霸王龙可能会猎杀三角龙。三角龙用于保护脖子和喉咙的巨大褶边的化石被发现时，骨头上有孔和齿痕。

三角龙有强大的下颚，能够咀嚼茂密的树叶。多达800颗牙齿嵌在它的牙床中，尽管它每次只使用约40颗。随着年龄的增长，三角龙的牙齿会不断地更替。

副栉龙

伤齿龙

甲龙

伤齿龙

名字的来历：具有杀伤力的牙齿

食物：夜间活动的小型动物

体长：约2米

相对于身体的大小，伤齿龙拥有恐龙中最大的大脑。眼睛的大小以及形状表明它可能有敏锐的视觉，这使得科学家相信它在夜间狩猎。

副栉龙

名字的来历：有类似冠饰的蜥蜴

食物：植物和树叶

体长：约10米

多年来，副栉龙头上的冠饰一直困扰着科学家们，它的作用是帮助副栉龙在浮潜时呼吸、增强副栉龙的嗅觉，还是作为武器呢？

科学家现在可能已经知道了答案。有证据表明，冠饰帮助这些恐龙互相交流。古生物学家甚至在计算机上进行了声音测试，试图重现副栉龙的声音。测试结果已经公布，在热门视频网站就可以听到。

甲龙

名字的来历：坚固的蜥蜴

食物：低处的植物

体长：约11米

坚硬的尾巴、甲胄和魁梧的身躯最大限度地强化了甲龙，它背部、脖子和头部的尖棘也能起到保护作用。甲龙粗壮的尾巴足以折断骨头，而它本身的体型也很难让捕食者攻击。甲龙唯一的弱点就是它没有装甲的腹部。但是，甲龙的重量可达6000千克，因此翻动这头巨兽并非易事。尽管外表有些吓人，但甲龙是一种食草动物。

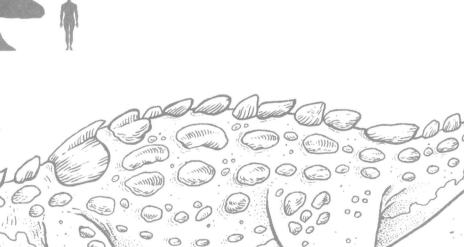

古近纪、新近纪和第四纪

始祖马

犹因它兽

长鼻跳鼠

安氏中兽

古近纪、新近纪和第四纪

6600万年前—260万年前—如今

在白垩纪末期，包括恐龙在内的80%的生物物种灭绝，哺乳动物开始大规模繁殖。在古近—新近纪，温度下降，海平面下降。冰冠和冰川在两极地区再次形成，气候开始变得更加多样化。曾经荒凉的土地成为广阔的草原，越来越多的动物开始以青草为食。

第四纪时期，地球进入了另一个冰河时代，气候又发生了变化。冰川覆盖了地球表面的30%，寒冰从两极流向赤道。在这期间，暖流（被称为"间冰期"）会随机出现，从而形成了如今的景象，被称为全新世。

犹因它兽

名字的来历：来自犹因它山的野兽
食物：树根和植物
体长：约4米

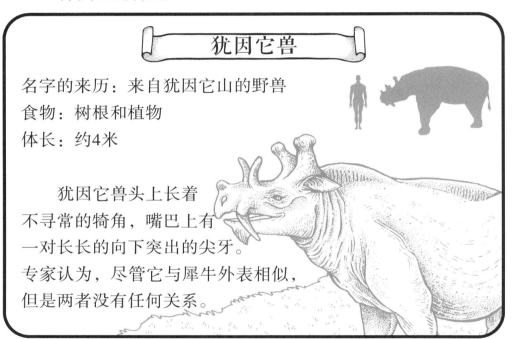

犹因它兽头上长着不寻常的犄角，嘴巴上有一对长长的向下突出的尖牙。专家认为，尽管它与犀牛外表相似，但是两者没有任何关系。

始祖马

名字的来历：和蹄兔相似的野兽
食物：树叶
体长：约60厘米

始祖马也被称为曙马，是最早存在于世界上的马。与我们今天熟悉的马不同，始祖马很小（几乎和猫一样大）。

长鼻跳鼠

名字的来历：精致的黄鼠狼
食物：昆虫、小型的哺乳动物和小型的两栖动物
体长：约90厘米

在德国著名的梅塞尔化石坑中发现了完整的长鼻跳鼠化石。标本的皮毛和胃内容物完好无损。

安氏中兽

名字的来历：安德鲁斯的野兽
食物：中型的哺乳动物
体长：约4米

安氏中兽和灰熊大小差不多，是古近纪早期的主要捕食者。它的头骨有1米长，后牙用来咀嚼软骨和骨头。

海牛鲸

游走鲸

龙王鲸

巨齿鲨

海牛鲸

名字的来历：如同海象的鲸鱼

食物：蠕虫和贝类

体长：约2米

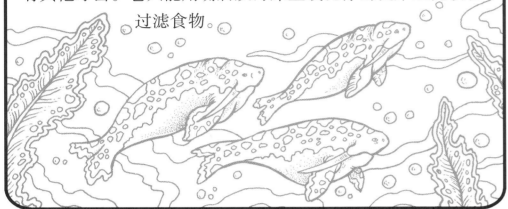

　　海牛鲸只有两个獠牙（其中一个比另一个大得多），没有其他牙齿。它只能用嘴唇从海床上或泥泞的堤岸上吮吸和过滤食物。

游走鲸

名字的来历：行走的鲸鱼

食物：鱼类

体长：约3米

　　游走鲸在咸水和淡水中都可以生存。它看起来像一只毛茸茸的鳄鱼，有着狭长有力的下颚，所以很可能以类似鳄鱼的方式捕猎。

龙王鲸

名字的来历：帝王蜥蜴

食物：鱼和乌贼

体长：约20米

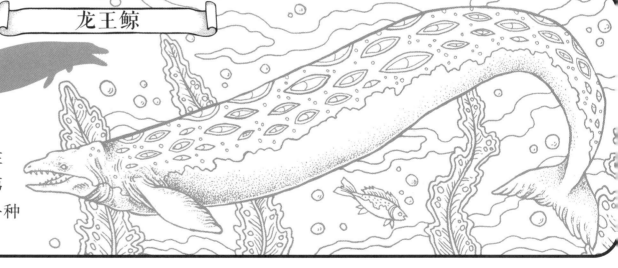

　　龙王鲸的身体细长，非常适合在海中穿行。在19世纪中期，一位名叫理查德·哈兰的解剖学家第一个发现了龙王鲸的化石。专家们最初认为它是一种爬行动物，但事实上，龙王鲸属于鲸类。

巨齿鲨

名字的来历：巨大的牙齿

食物：鲸鱼和鱼类

体长：约15米

　　巨齿鲨的大小是大白鲨的2.5倍多，它的下颚很大，一个成年人可以站在里面。人们普遍认为，这种巨大的生物以鲸鱼和其他大型海洋动物为食。一些古生物学家甚至推测，巨齿鲨可能长到20米长，是有史以来最大的掠食者。

板齿象

泰坦蟒

恐颌猪

奇角鹿

板齿象

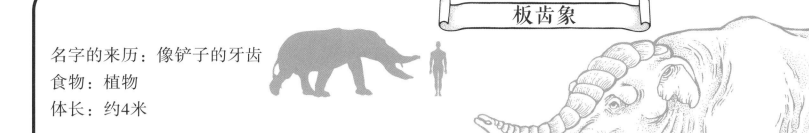

名字的来历：像铲子的牙齿

食物：植物

体长：约4米

    板齿象的下颌骨形状像一把铲子，是将植物连根拔起且送进嘴里的完美工具。然而，标本上的磨损表明，板齿象可能也用它的牙齿从树上剥下树皮，在河床上挖掘泥土，来寻找食物。

泰坦蟒

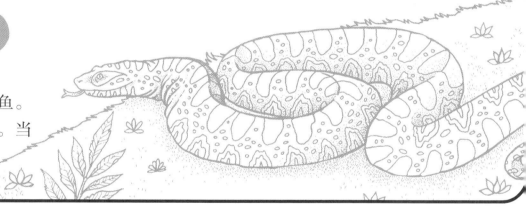

名字的来历：泰坦的蟒蛇

食物：鱼类或其他水生生物

体长：约14米

    泰坦蟒的重量可能超过1000千克，它大到能吞下一只鳄鱼。现在地球上最大的蛇也只有它一半左右。泰坦蟒是没有毒的。当它捕获猎物后，会用强大的力量缠住猎物，使其窒息而死。

恐颌猪

名字的来历：可怕的猪

食物：腐肉和植被

体长：约3米

    恐颌猪身上的骨头突出，长约1米的头骨也有很多突起。它有一人高，和野牛差不多大。

奇角鹿

名字的来历：并在一起的角

食物：草

体长：约2米

    雄性奇角鹿的鼻子上有一个奇怪的Y形角。因此，人们认为，除了争夺支配地位，鹿群中的雄性可能也会使用角来求偶。

巨犀

大角雷兽

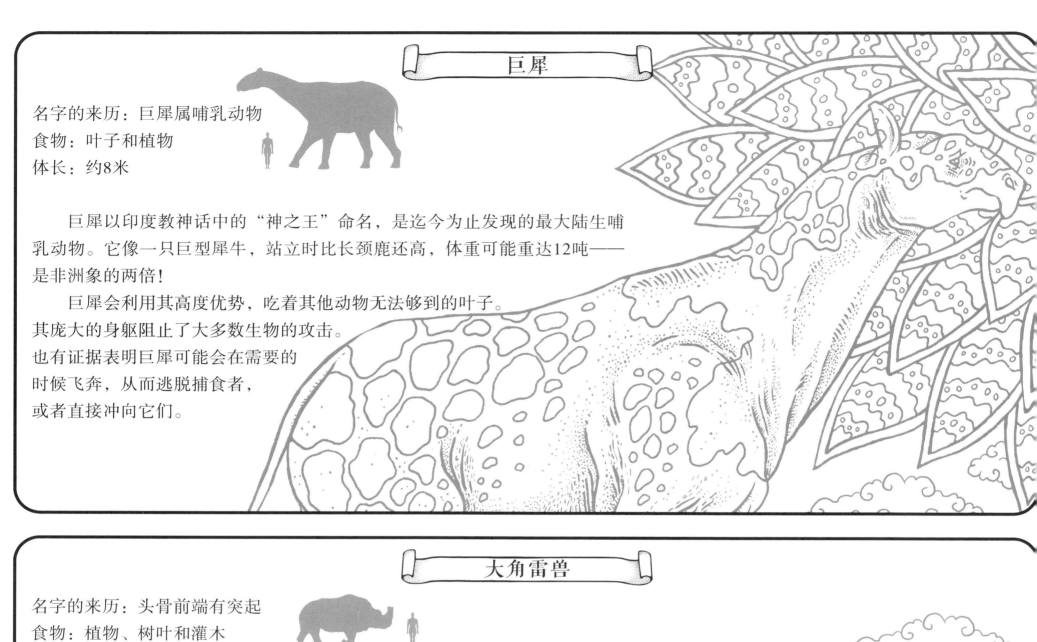

巨犀

名字的来历：巨犀属哺乳动物
食物：叶子和植物
体长：约8米

　　巨犀以印度教神话中的"神之王"命名，是迄今为止发现的最大陆生哺乳动物。它像一只巨型犀牛，站立时比长颈鹿还高，体重可能重达12吨——是非洲象的两倍！

　　巨犀会利用其高度优势，吃着其他动物无法够到的叶子。其庞大的身躯阻止了大多数生物的攻击。也有证据表明巨犀可能会在需要的时候飞奔，从而逃脱捕食者，或者直接冲向它们。

大角雷兽

名字的来历：头骨前端有突起
食物：植物、树叶和灌木
体长：约5米

　　从大角雷兽的鼻子前伸出的类似铲子的结构，看起来像是武器，但实际上是空心的，因此很脆弱。它可能是用来制造声音的，在其中空的结构中放大振动（就像木管乐器发出声音一样）。

哈斯特鹰

名字的来历：有抓钩的鸟

食物：食草动物

体长：翼展约2.5米

哈斯特鹰可能重达20千克，是迄今为止最大的鹰。研究表明，这种猛禽能够攻击和杀死比自己大得多的猎物。

象鸟

名字的来历：高大的鸟

食物：水果和种子

体长：约3米

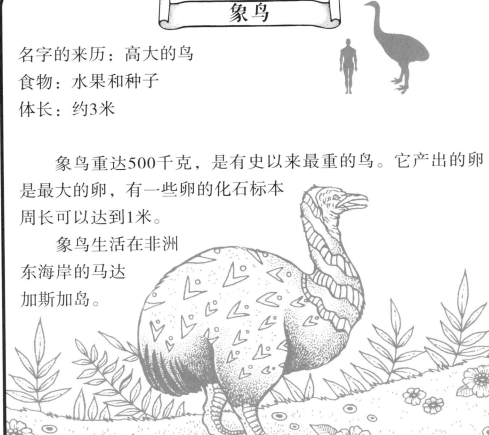

象鸟重达500千克，是有史以来最重的鸟。它产出的卵是最大的卵，有一些卵的化石标本周长可以达到1米。

象鸟生活在非洲东海岸的马达加斯加岛。

恐鸟

名字的来历：令人感到害怕的鸟

食物：树叶、植物和水果

体长：约3.5米

恐鸟是历史上最高的鸟，它们生活在新西兰。一些科学家认为，恐鸟在150～200年前才灭绝。

泰坦鸟

名字的来历：巨大的鸟

食物：食草动物和腐肉

体长：约2.7米

泰坦鸟巨大的钩状喙可以从猎物身上撕下肉来，前臂的尖爪也可以用来抓住和撬开尸体。

大地懒

雕齿兽

星尾兽

海懒兽

长吻弓海豹

雕齿兽

名字的来历：雕刻的牙齿

食物：草

体长：约3米

像犰狳一样，雕齿兽被一层甲壳覆盖，可以保护它不受捕食者的攻击。尽管有强大的防御能力，但在第四纪的更新世晚期，雕齿兽被人类捕杀。人类使用它们汽车大小的外壳保护自己免受天气影响。

大地懒

名字的来历：巨大的哺乳动物

食物：树叶（有时也会吃肉）

体长：约6米

大地懒有巨大的爪子，用来抓取树叶和树枝作为食物，也可以用作武器。大地懒活动起来非常缓慢。它的重量和大象差不多，通常用两条腿支撑着它庞大的身躯。

星尾兽

名字的来历：如同研杵一样的尾巴

食物：草

体长：约4米

星尾兽用一条强大的尾巴。人们认为，雄性星尾兽会以它们的尾巴互相攻击对方的壳。事实上，人们已经发现了星尾兽的壳上确实有凹痕、磨损和划痕，并以此证实这一理论。

海懒兽

名字的来历：海中的树懒

食物：海藻和海里生长的植物

体长：约2米

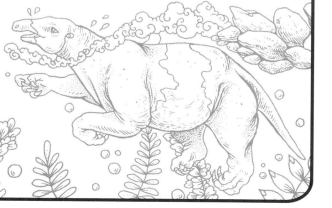

海懒兽在浅水里寻找植物和海藻。大密度的骨头能帮助它沉入水中。

长吻弓海豹

名字的来历：大海豹

食物：鱼类

体长：约1.5米

长吻弓海豹有着长长的脖子、细长的尾巴和光滑的身体。它的身体呈流线型，非常适合追逐和抓捕鱼类。

猛犸象

披毛犀

猛犸象

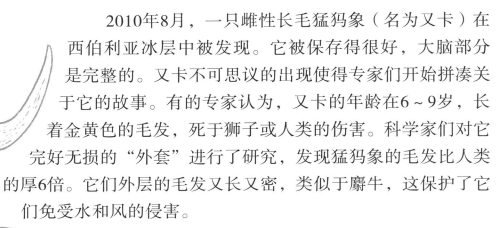

名字的来历：地下潜伏的生物

食物：树皮、嫩枝和树叶

体长：约4米

2010年8月，一只雌性长毛猛犸象（名为又卡）在西伯利亚冰层中被发现。它被保存得很好，大脑部分是完整的。又卡不可思议的出现使得专家们开始拼凑关于它的故事。有的专家认为，又卡的年龄在6~9岁，长着金黄色的毛发，死于狮子或人类的伤害。科学家们对它完好无损的"外套"进行了研究，发现猛犸象的毛发比人类的厚6倍。它们外层的毛发又长又密，类似于麝牛，这保护了它们免受水和风的侵害。

有的人认为，当地球气候变暖时，猛犸象就灭绝了，而早期人类的猎杀导致猛犸象数量减少，加速了它们的灭绝。

披毛犀

名字的来历：空心齿

食物：草或者矮小的植物

体长：约3.5米

披毛犀又名"长毛犀牛"，它的鼻尖上长有1米长的角，在它的后面还有一个短角。这些角是用来自卫的，是由一种叫作角蛋白的物质构成的（我们的指甲和头发里都有这种物质）。

多年来，人们陆续发现了许多长毛犀牛。例如，1929年，人们在乌克兰一个叫斯塔尼亚的地区发现了一头被保存下来的雌性披毛犀，其内部器官和皮肤完好无损。2007年，在一个金矿的入口附近发现了一个标本。专家们分析了这种生物，认为它粗壮结实的身体结构可能导致了它的衰败。随着第四纪的降雪越来越频繁，积雪越来越深。披毛犀在穿越这样的地形时会遇到巨大的麻烦。它们太重了，经常陷入积雪中，因此很有可能是由于过度劳累和饥饿而死亡的。

巨猿

名字的来历：巨大的猿

食物：树叶和竹子

体长：约3米

巨猿是这片土地上最大的灵长类动物，最初德国古生物学家孔尼华偶然在中国的药店里发现了一种神秘的"龙"牙齿，经过追踪，找到了牙齿的源头（中国南方的一个洞穴），最终确定它们属于一种巨大的猿。

巨狐猴

名字的来历：大狐猴

食物：树叶

体长：约2米

巨狐猴与现代大猩猩差不多大，是马达加斯加岛的珍稀物种。

巨狐猴可以说是狐猴的远亲，有着非常长的手和脚，但身体矮胖。它是一个灵巧的攀登者，经常爬上树找到最好的叶子。

大角鹿

名字的来历：大的角

食物：草

体长：约2.5米

巨角鹿也被称为爱尔兰麋鹿（因为在爱尔兰的泥炭沼泽中发现了大量的巨角鹿遗骸），它可能是有史以来最大的鹿，仅鹿角就重达40千克，跨度超过3.6米。

剑齿虎

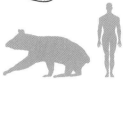

名字的来历：像剑一样的牙齿

食物：食草动物（例如马和野牛）

体长：约2.2米

剑齿虎以其凶猛的牙齿而闻名，是那个时期顶级的捕食者之一。它的犬齿长达15厘米，非常锋利，后方的边缘是像刀一样的锯齿状，完全可以用来固定和切割猎物。

剑齿虎的大小与狮子相似，但更矮更壮。所以，剑齿虎不可能是一个优雅的短跑选手。人们据此推测剑齿虎会伏击并跟踪猎物，利用自己的力量和体型来压制猎物，就像大树懒和幼年猛犸象一样。